MY FIRST SCIENCE TEXTBOOK

Atoms

পরমাণু

Written by Mary Wissinger
Illustrated by Harriet Kim Anh Rodis

Created and edited by John J. Coveyou

Science, Naturally!
An imprint of Platypus Media, LLC
Washington, D.C.

Say hello to the atoms that build everything you see:

পরমাণুগুলোকে হ্যালো বল যা দিয়ে আমাদের চারপাশের সবকিছুই তৈরি:

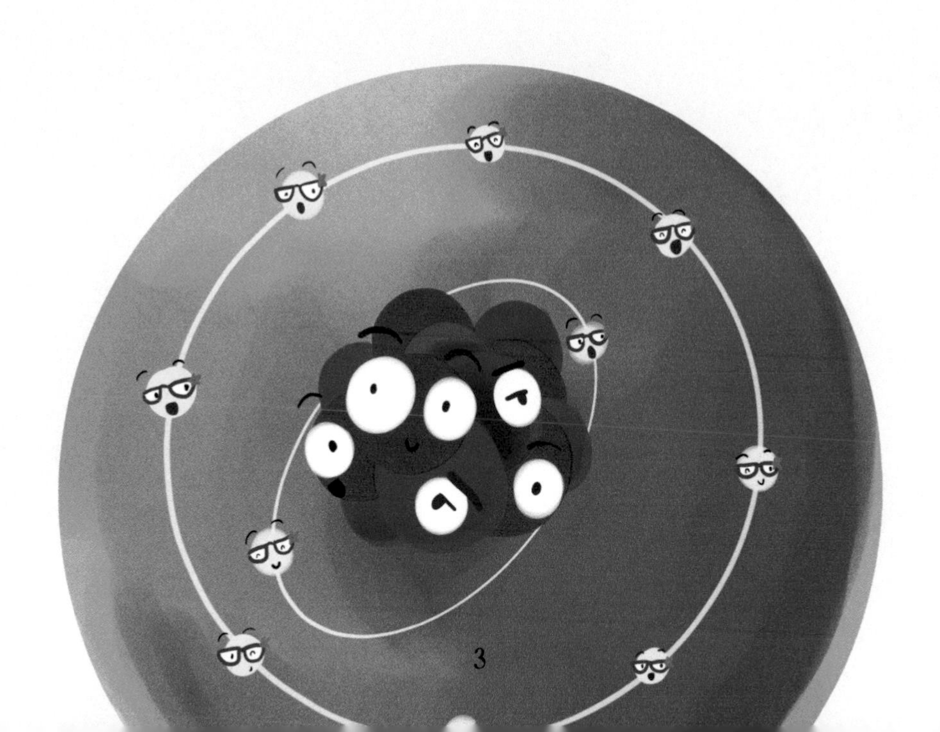

your hands, this book, the air, giraffes, and every single tree.

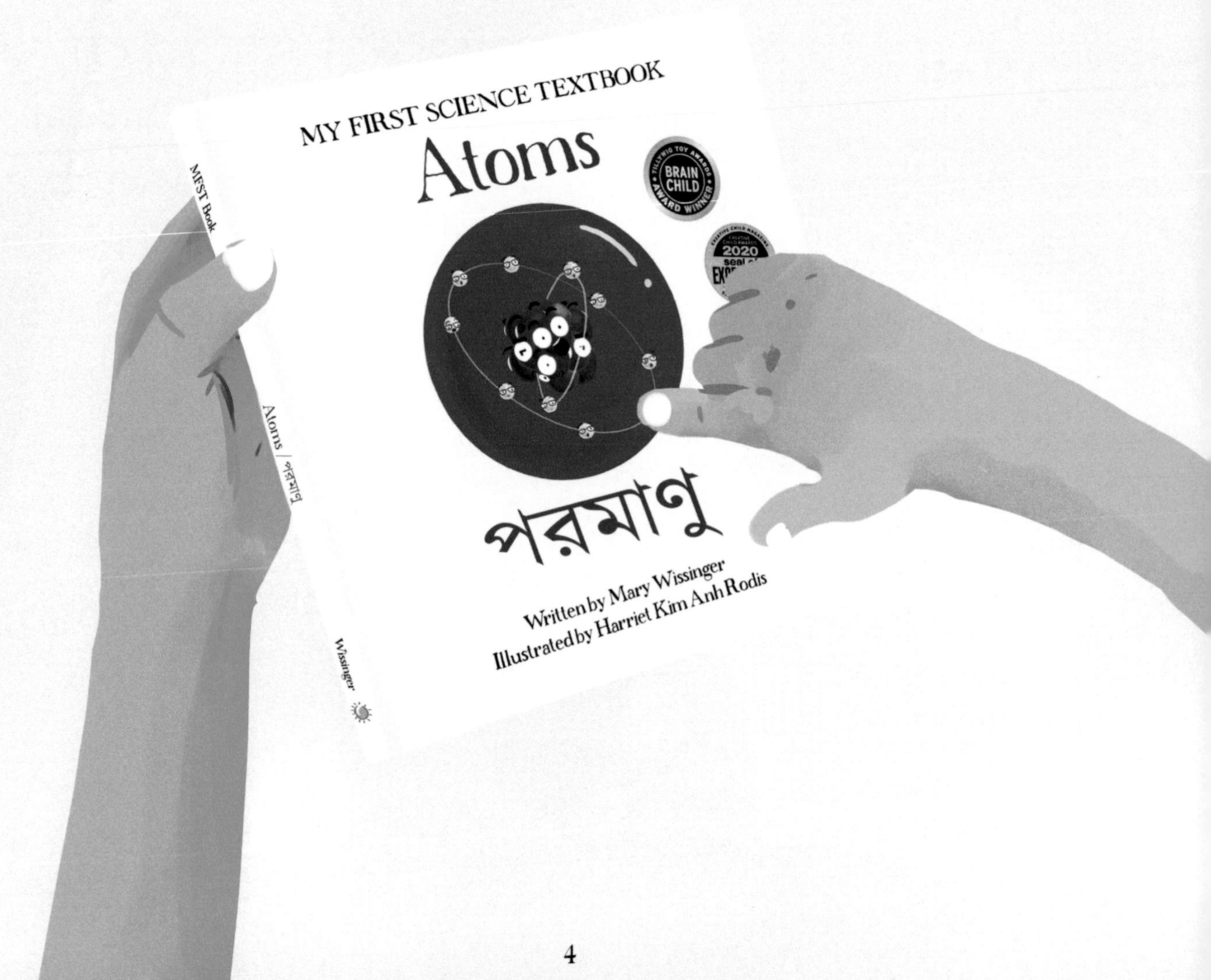

তোমার হাত, এই বই, বাতাস,
জিরাফ গুলো, এবং প্রত্যেকটি গাছ।

If you want to make an atom, the recipe starts with protons and neutrons.

তুমি যদি একটি পরমাণু বানাতে চাও, প্রস্তুতপ্রণালী শুরু করতে হবে প্রোটনস এবং নিউট্রনস দিয়ে।

Squish them together, use high heat, and sprinkle in electrons.

এগুলো একসাথে মিশাও, উচ্চ তাপ ব্যবহার কর, এবং ইলেকট্রন ছিটিয়ে দাও।

The strong force holds the nucleus tight, while electrons get to race.

শক্তিশালী বল নিউক্লিয়াস কে শক্ত করে ধরে রাখে, যখন ইলেকট্রনরা দৌড়াতে থাকে।

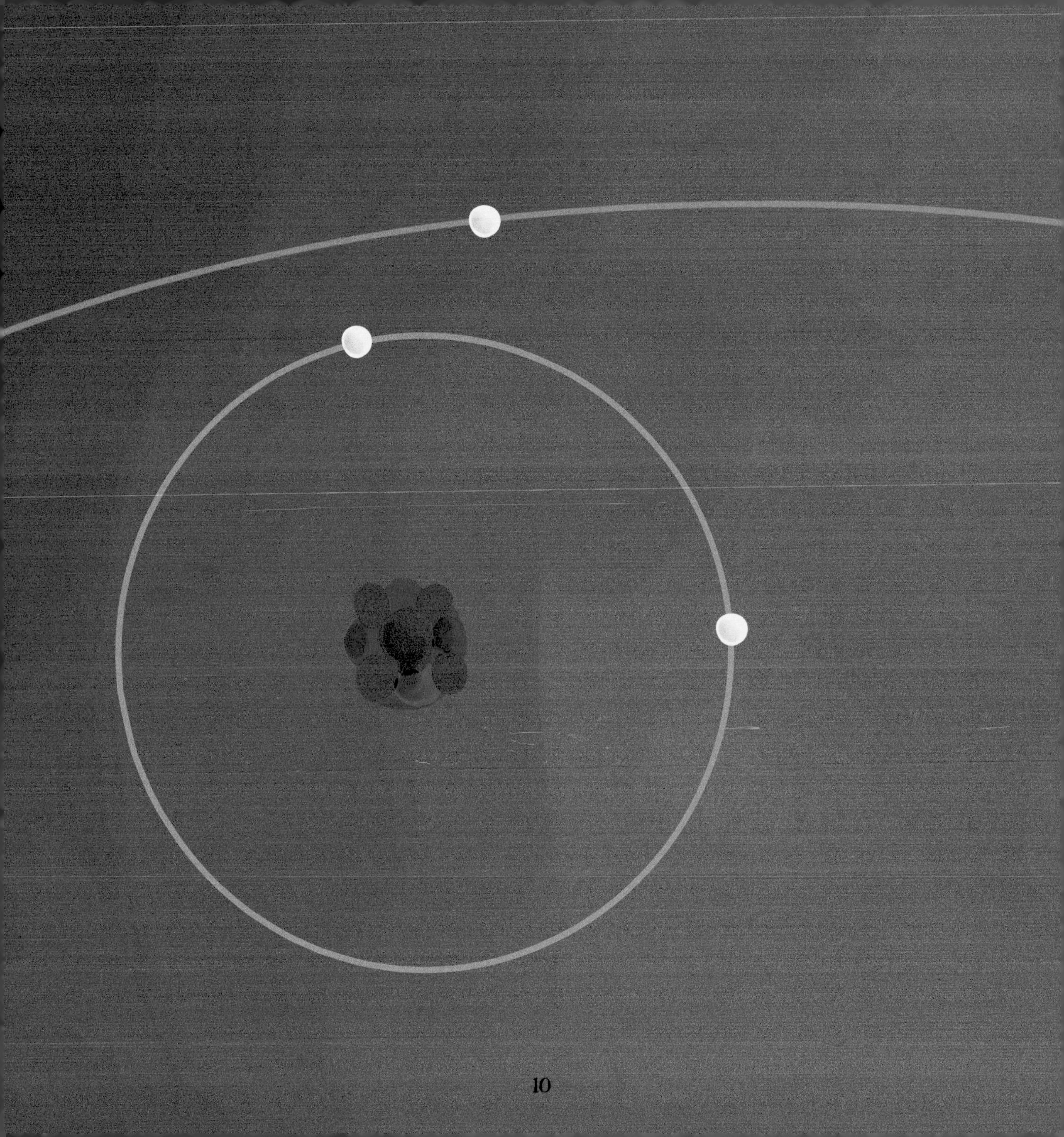

They fly so far from the nucleus that atoms are mostly empty space.

তারা নিউক্লিয়াস থেকে এত দূরে আবর্তন করে যে পরমাণুর বেশির ভাগই শূন্যস্থান।

When atoms get together, electrons are for sharing and taking.

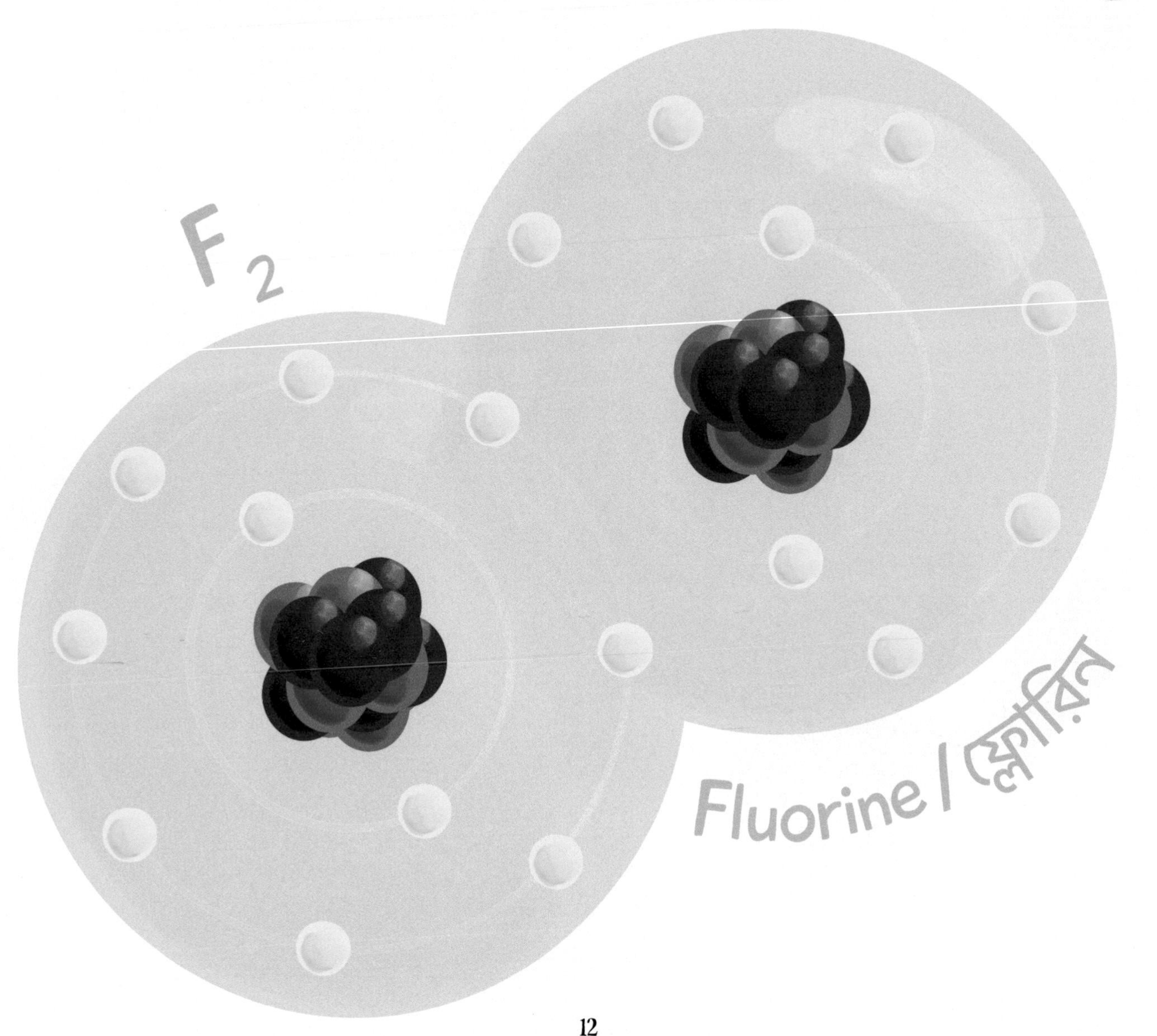

যখন পরমাণুগুলো একত্রিত হয়, ইলেকট্রনগুলোকে ভাগ করে গ্রহণ করে নেয়।

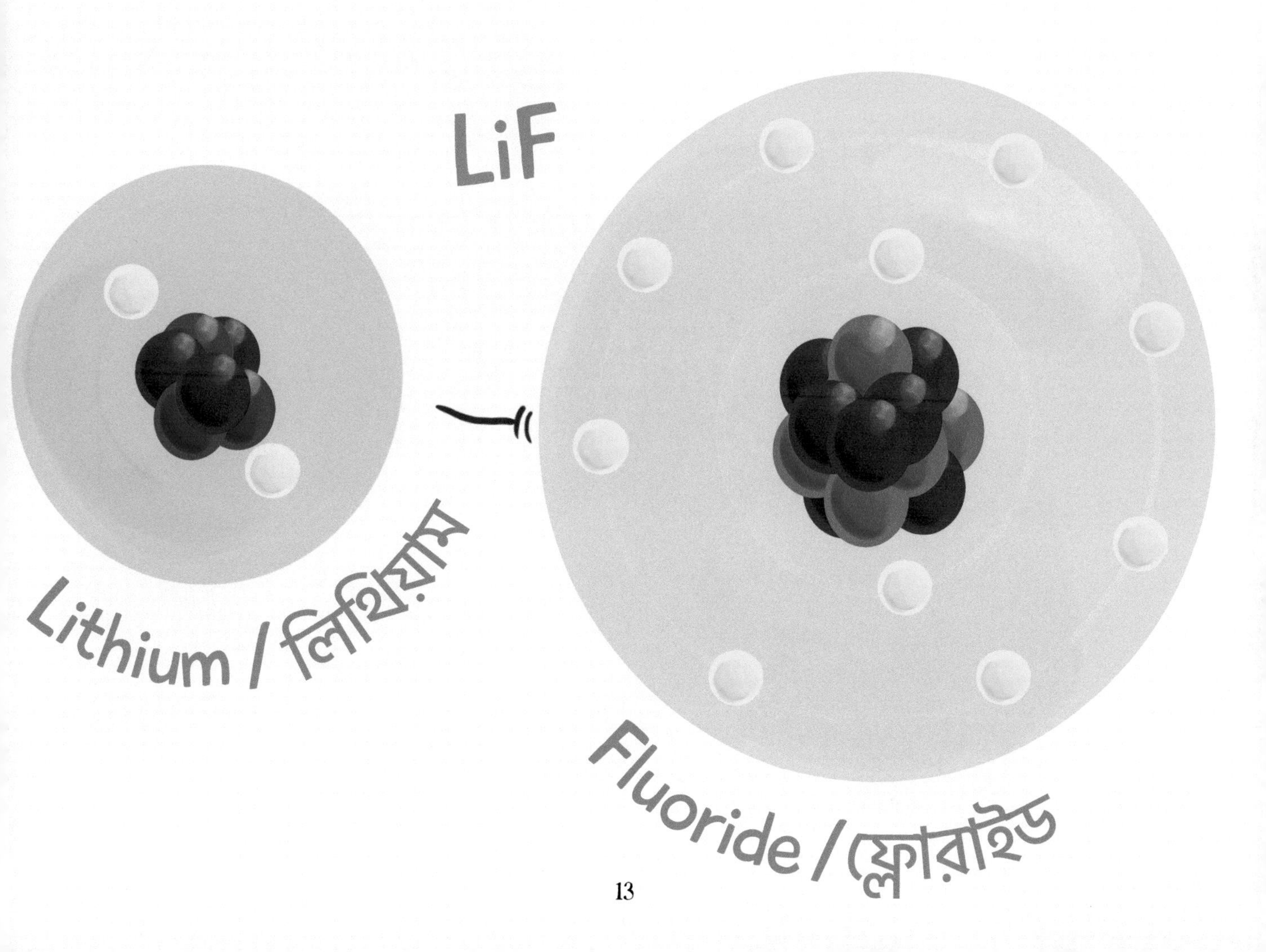

These covalent and ionic bonds are molecules in the making.

এই সমযোজী এবং আয়নিক বন্ধনে
অণু তৈরি হয়।

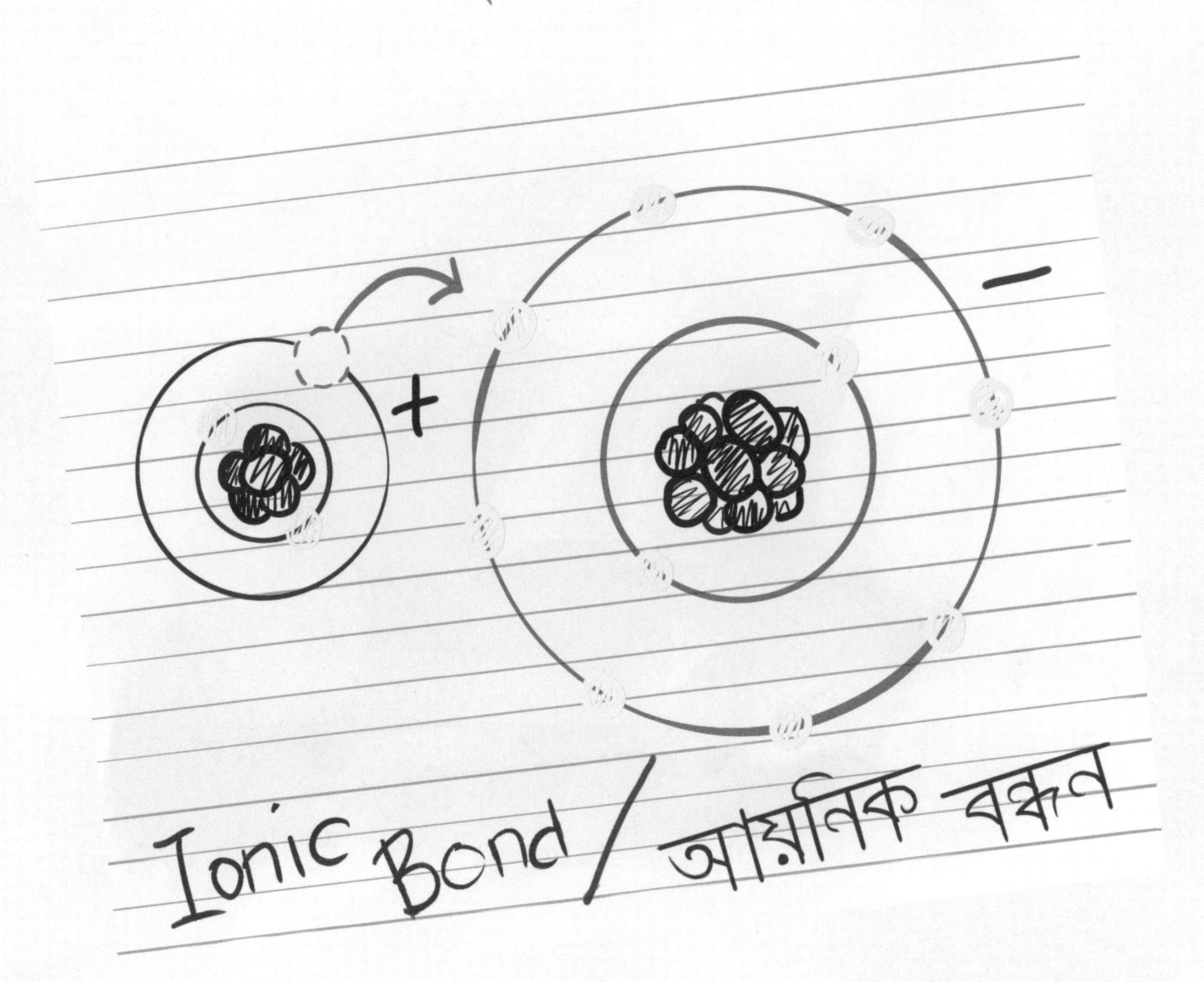

There is a special word for when atoms look and act the same.

পরমাণুগুলো যখন দেখতে একরকম হয় এবং একই ভাবে কাজ করে, তখন তাদেরকে একটি বিশেষ শব্দে ডাকা হয়।

It's called an element,
and each element has a name.

ইহাকে বলে মৌল এবং প্রত্যেকটি
মৌলের একটি নাম আছে।

Elements go in increasing order on the periodic table.

মৌলগুলো পর্যায় সারণিতে ক্রমবর্ধমান ক্রমে সাজানো থাকে।

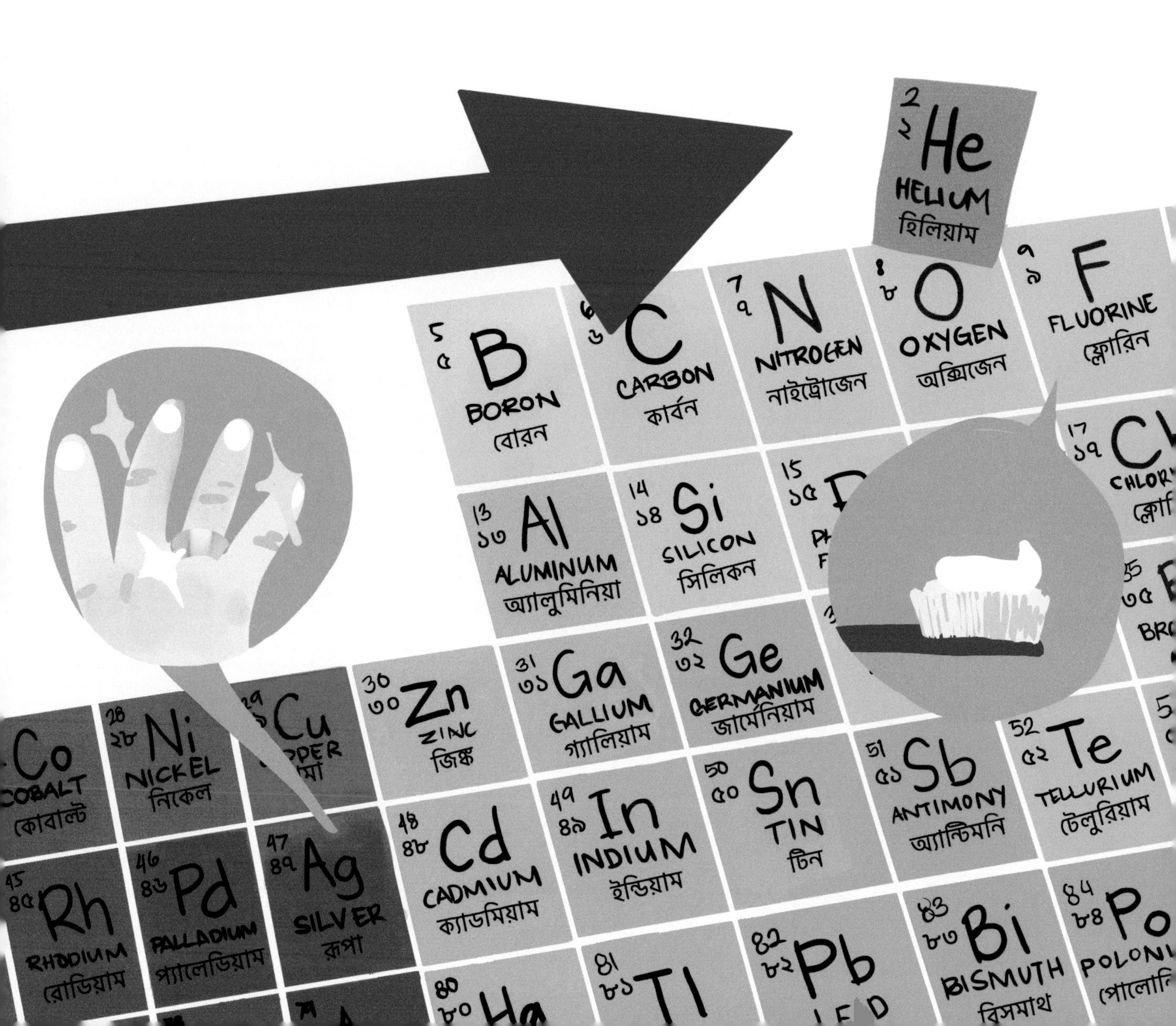

2 ২ He HELIUM হিলিয়াম
5 ৫ B BORON বোরন
6 ৬ C CARBON কার্বন
7 ৭ N NITROGEN নাইট্রোজেন
8 ৮ O OXYGEN অক্সিজেন
9 ৯ F FLUORINE ফ্লোরিন
13 ১৩ Al ALUMINUM অ্যালুমিনিয়া
14 ১৪ Si SILICON সিলিকন
28 ২৮ Ni NICKEL নিকেল
Co COBALT কোবাল্ট
30 ৩০ Zn ZINC জিঙ্ক
31 ৩১ Ga GALLIUM গ্যালিয়াম
32 ৩২ Ge GERMANIUM জার্মেনিয়াম
45 ৪৫ Rh RHODIUM রোডিয়াম
46 ৪৬ Pd PALLADIUM প্যালেডিয়াম
47 ৪৭ Ag SILVER রূপা
48 ৪৮ Cd CADMIUM ক্যাডমিয়াম
49 ৪৯ In INDIUM ইন্ডিয়াম
50 ৫০ Sn TIN টিন
51 ৫১ Sb ANTIMONY অ্যান্টিমনি
52 ৫২ Te TELLURIUM টেলুরিয়াম
83 ৮৩ Bi BISMUTH বিসমাথ
82 ৮২ Pb
81 ৮১ Tl
84 ৮৪ Po

Atomic number, mass, chemical symbol... there are a lot of labels.

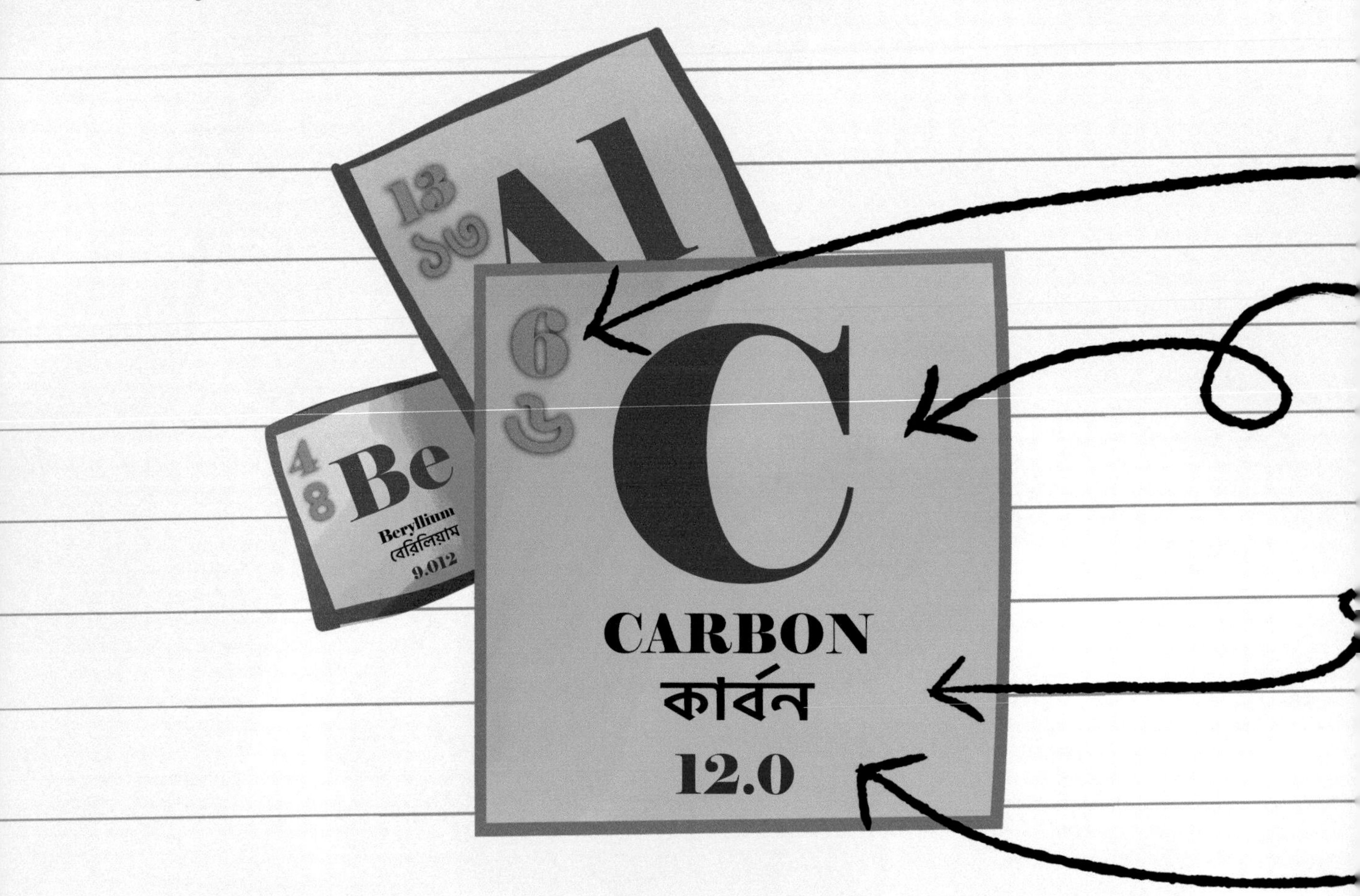

পারমানবিক সংখ্যা, ভর, রাসায়নিক সংকেত ... সেখানে অনেক তালিকা আছে।

Atomic Number (the number of protons) — পারমানবিক সংখ্যা (প্রোটনের সংখ্যা)

Chemical Symbol — রাসায়নিক সংকেত

Name — নাম

Atomic Mass (the number of protons and neutrons) — পারমাণবিক ভর (প্রোটন ও নিউট্রনের সম্মিলিত সংখ্যা)

These universal particles are the same on Earth as they are on Mars.

এইসব সর্বজনীন কনা পৃথিবীতে যে রুপে আছে মঙ্গল গ্রহেও তেমনি আছে।

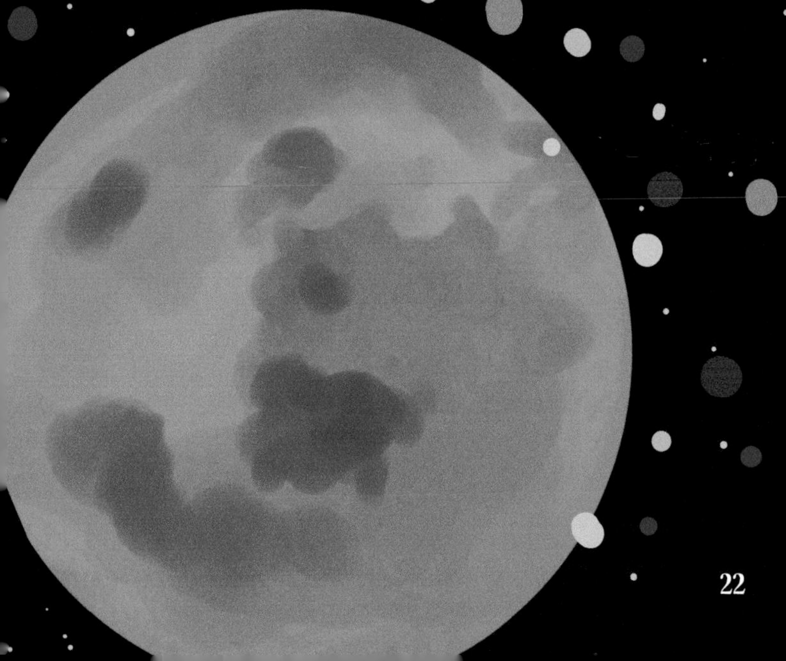

Atoms compose each tiny speck
from here to distant stars.

এখান থেকে দূরবর্তী তারা পর্যন্ত
প্রত্যেকটি ক্ষুদ্র কনিকা পরমাণু
দিয়ে তৈরি।

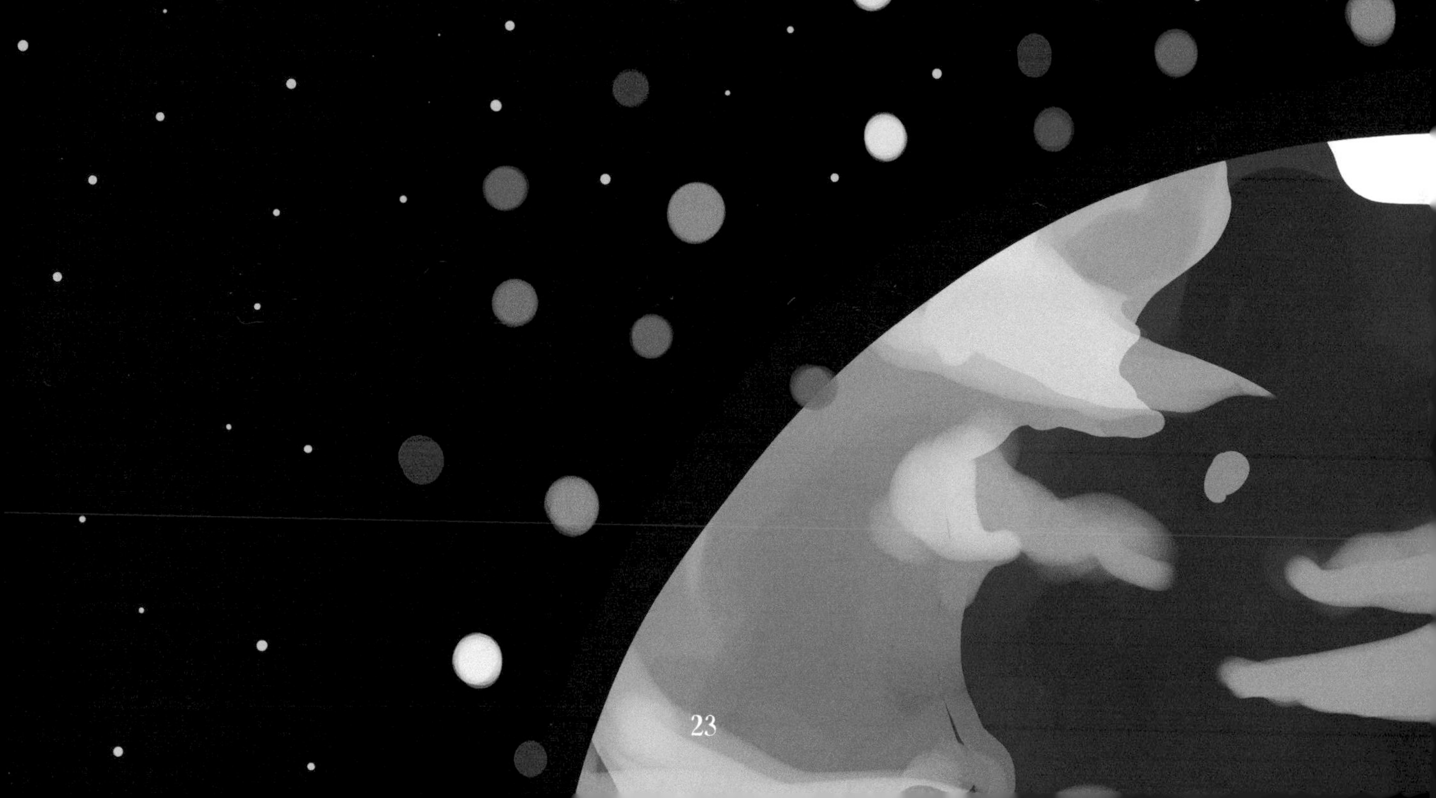

You contain galaxies of atoms, so protons, neutrons, and electrons, too.

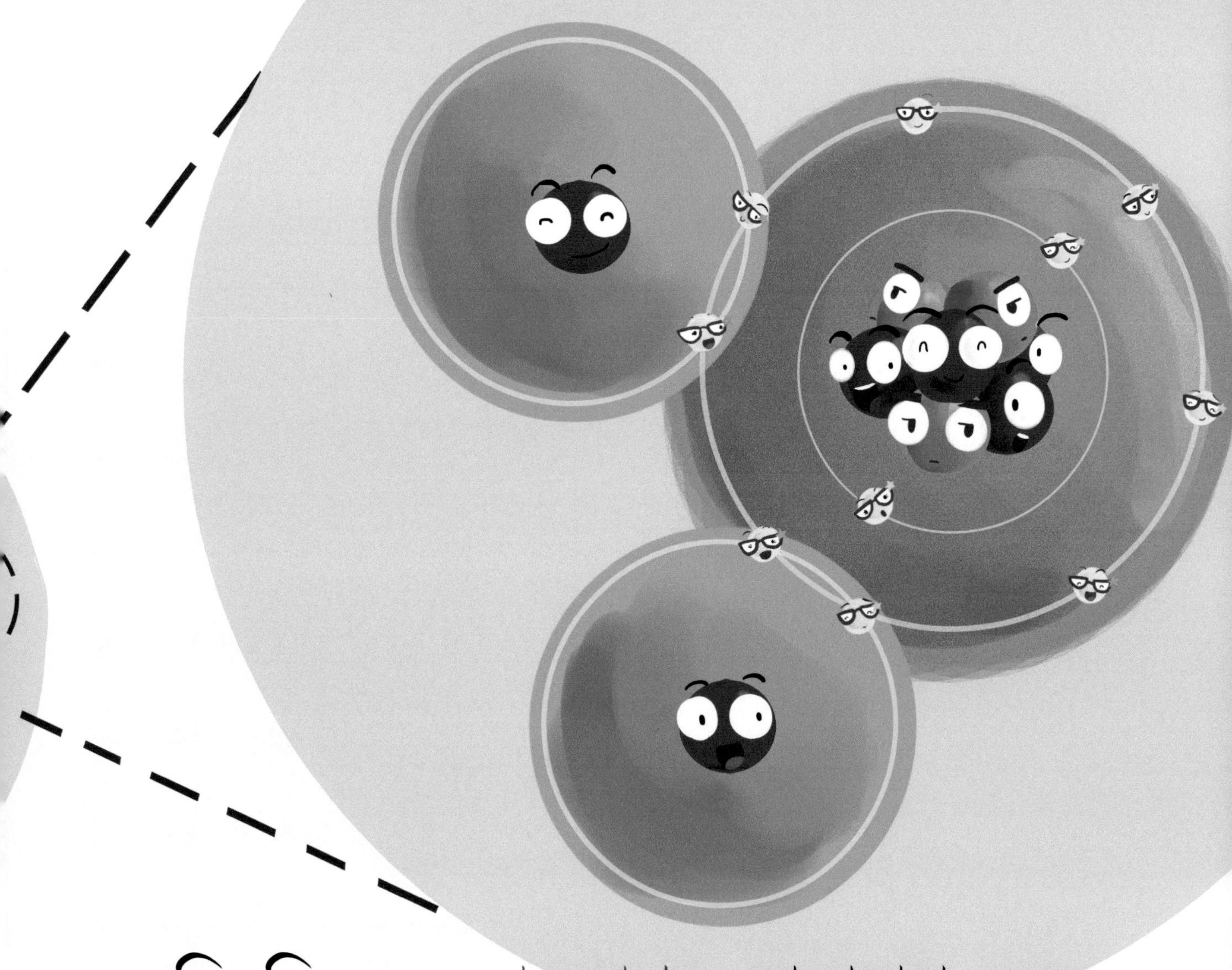

তুমি নিজেও পরমাণুর ছায়াপথ বহন করছো, তাতে প্রোটনস, নিউট্রনস, এবং ইলেকট্রনসও রয়েছে।

You live in the universe,
and a universe lives in you.

তুমি একটি মহাবিশ্বে বাস কর, এবং
একটি মহাবিশ্ব তোমার মধ্যে বাস করে।

Glossary

ATOMIC MASS: The combined number of protons and neutrons in an atom. On the periodic table, it is shown as the number under each element's full name.

ATOMIC NUMBER: The number of protons in an atom determines an element's atomic number, which is used to categorize elements. On the periodic table, the atomic number is shown in the top left-hand corner of each element label.

ATOMS: The building blocks for all matter in our universe. They are so small that you can't see them, and are made up of even smaller particles called protons, neutrons, and electrons.

CHEMICAL BONDS: Chemical bonds are what join atoms together to create molecules. There are several types of chemical bonds, including covalent and ionic bonds.

CHEMICAL SYMBOL: The abbreviation for the name of an element. The chemical symbol for each element is listed in the periodic table.

COVALENT BOND: A chemical bond that forms between two atoms when they share electrons.

ELECTRONS: Very teeny particles with a negative electric charge. Electrons travel around the nucleus of every atom.

ELEMENT: A pure substance made of one type of atom.

FORCE: The push or pull on something when it interacts with something else. A force can cause an object to move faster, slow down, stay in place, or change shape.

GALAXY: In astronomy, a galaxy is made up of billions of stars, which are each orbited by planets, gas, and dust. It can also mean a large group of people or things.

ION: An atom or molecule that carries a positive or negative electric charge as a result of having gained or lost electrons.

IONIC BOND: A chemical bond that forms when one atom gives away electrons to another atom. The atom that loses electrons becomes positively charged, and the atom that gains electrons becomes negatively charged.

MASS: A measure of how much matter is in an object. Mass is different from weight because the mass of an object never changes, but its weight will change based on its location in the universe.

MATTER: Matter makes up everything around you, and anything in the universe that takes up space and has mass.

MOLECULE: A group of atoms that are bonded together to form the smallest unit of a substance that has all the properties of that substance. For example, a water molecule is the smallest unit that is still water.

NEUTRONS: Very teeny particles with no electric charge, found in the nucleus of most atoms.

NUCLEUS: The center part of an atom, made up of protons and neutrons.

PARTICLES: Tiny, singular bits of matter that can range in size from subatomic particles, such as electrons, to ones large enough to be seen, such as particles of dust floating in sunlight.

PERIODIC TABLE: A chart that arranges chemical elements, organized by atomic number.

PROTONS: Very teeny particles with a positive electric charge. Protons are in the nucleus of every atom.

SUBATOMIC PARTICLE: A particle that is smaller than an atom and exists within it, like protons, neutrons, or electrons.

UNIVERSE: All of time and space and their contents, including planets and stars, and all other forms of matter and energy.

শব্দকোষ

অণু: একগুচ্ছ পরমাণু একত্রে আবদ্ধ হয়ে একটি পদার্থের ক্ষুদ্রতম একক গঠন করে যাতে ঐ পদার্থের সমস্ত বৈশিষ্ট্য বিদ্যমান থাকে। উদাহরণস্বরূপ, পানির একটি অণু হল পানির ক্ষুদ্রতম একক যা কিনা পানির সমস্ত বৈশিষ্ট বহন করে।

অতিপারমাণবিক কণা: এমন একটি কণা যা পরমাণুর চেয়েও ক্ষুদ্র এবং পরমাণুর মধ্যেই থাকে যেমন থাকে প্রোটন, নিউট্রন বা ইলেক্ট্রন।

আয়ন: ইলেকট্রন গ্রহণ কিংবা দানের কারনে একটি পরমাণু বা অণু যে ধনাত্মক বা ঋণাত্মক বৈদ্যুতিক চার্জ বহন করে।

আয়নিক বন্ধন: একটি পরমাণু কর্তৃক অন্য একটি পরমাণুকে ইলেকট্রন দান বা গ্রহণের মাধ্যমে যে রাসায়নিক বন্ধন তৈরি হয়। যেই পরমাণুটি ইলেকট্রন দান করে সে ধনাত্মক চার্জযুক্ত হয় এবং যেই পরমাণুটি ইলেকট্রন গ্রহণ করে সে ঋণাত্মক চার্জযুক্ত হয়।

ইলেকট্রন: একটি ঋণাত্মক বৈদ্যুতিক চার্জযুক্ত ক্ষুদ্রতম কনা। ইলেক্ট্রনগুলো প্রতিটি পরমাণুর নিউক্লিয়াসের চারপাশে ঘূর্ণায়মান থাকে।

কণা: পদার্থের ক্ষুদ্র, একক বিট যা অতিপারমানবিক কণা থেকে শুরু করে ইলেক্ট্রনের মতো আকারের হতে পারে, যেমন সূর্যের আলোতে ভাসমান ধূলিকণার কণা।

নিউক্লিয়াস: প্রোটন ও নিউট্রনের সমন্বয়ে গঠিত পরমাণুর কেন্দ্রিয় বা মূল অংশ।

নিউট্রন: বৈদ্যুতিক চার্জবিহীন ক্ষুদ্রতম কনা যা কিনা বেশিরভাগ পরমাণুর নিউক্লিয়াসে পাওয়া যায়।

পদার্থ: আমাদের চারপাশের এবং মহাবিশ্বের সবকিছুই পদার্থ দিয়ে তৈরি, যাহার ভর আছে এবং জায়গা দখল করে।

পরমাণু: আমাদের মহাবিশ্বের সমস্ত পদার্থের মূল উপাদান। তারা এতই ক্ষুদ্র যে খালি চোখে দেখা যায় না এবং যাহা এর চেয়েও অত্যন্ত ক্ষুদ্র কনা নিউট্রন, প্রোটন ও ইলেকট্রন দিয়ে তৈরি।

পারমাণবিক ভর: পরমাণুর ভেতরে প্রোটন ও নিউট্রনের সম্মিলিত সংখ্যা। পর্যায় সারণিতে প্রত্যেকটি উপাদানের সংখ্যা তাদের সম্পূর্ণ নামের নিচে দেখানো হয়।

পারমাণবিক সংখ্যা: কোন মৌলের একটি পরমাণুর নিউক্লিয়াসে উপস্থিত প্রোটনের সংখ্যা ঐ মৌলের পারমাণবিক সংখ্যা নির্ধারণ করে যা মৌলগুলোকে শ্রেণীবদ্ধ করতে ব্যবহৃত হয়। পর্যায় সারণীতে, প্রতিটি মৌলের লেবেলের উপরে বাম-কোনে পারমাণবিক সংখ্যা প্রদর্শন করে।

পর্যায় সারণী: একটি তালিকা যেখানে রাসায়নিক মৌলগুলো উহাদের পারমাণবিক সংখ্যার ক্রম অনুযায়ী সাজানো থাকে।

প্রোটন: একটি ক্ষুদ্রতম ধনাত্নক বৈদ্যুতিক কণা। প্রতিটি পরমাণুর নিউক্লিয়াসে প্রোটন থাকে।

ভর: কোন বস্তুতে পদার্থের মোট পরিমাণ। ভর এবং ওজন দুটো আলাদা কারণ কোনও বস্তুর ভর কখনই পরিবর্তিত হয় না, তবে মহাবিশ্বে বস্তুটির অবস্থানের ভিত্তিতে এর ওজন পরিবর্তিত হয়।

মৌল: একই রকম পরমাণু দিয়ে তৈরী একটি মৌলিক উপাদান।

মহাকাশ: জ্যোতির্বিজ্ঞান অনুযায়ী, একটি মহাকাশ শতকোটি তারার সমন্বয়ে তৈরি যা কিনা গ্রহ-নক্ষত্র, বায়বীয় পদার্থ এবং ধুলিকনার কক্ষপথ দ্বারা পরিবেষ্টিত। এর মাধ্যমে বড় কোন জনসমন্নয় বা পদার্থের সমান্নয়ও বোঝাতে পারে।

মহাবিশ্ব: বিশ্বব্রহ্মাণ্ডের সকল সময়, স্থান এবং তাদের বিষয়বস্তু, গ্রহ, নক্ষত্র ও তারা সহ অন্যান্য সব পদার্থ এবং শক্তির সকল অবস্থা।

রাসায়নিক বন্ধন: রাসায়নিক বন্ধন হল যা পরমাণুদের একত্রিত করে অনু তৈরী করে। সমযোজী এবং আয়নিক বন্ধন সহ বিভিন্ন রকমের রাসায়নিক বন্ধন রয়েছে।

রাসায়নিক সংকেত: মৌলের নামের সংক্ষেপণ। পর্যায় সারণীতে প্রত্যেকটি মৌলের রাসায়নিক সংকেত তালিকাভুক্ত হয়ে থাকে।

বল: কোন পদার্থ যখন অন্য কোন পদার্থের সাথে ক্রিয়া করে। বল যে কোন পদার্থকে দ্রুত চলতে, ধীরগতিতে চলতে, স্থির থাকতে কিংবা আকৃতির পরিবর্তন ঘটাতে সাহায্য করে।

সমযোজী বন্ধন: একপ্রকার রাসায়নিক বন্ধন যা দুটি পরমাণুর মধ্যে ইলেকট্রন শেয়ারের মাধ্যমে গঠিত হয়।

"For Honora, whose curiosity never stops inspiring me."

"হোনোরার জন্য, যার কৌতূহল আমাকে সবসময় অনুপ্রেরণা যোগায়।"

—John J. Coveyou, creator and editor

My First Science Textbook: Atoms / পরমাণু

Originally published by Genius Games, LLC in 2016

Written by Mary Wissinger
Illustrated by Harriet Kim Anh Rodis with Uzuri Designs
Created and edited by John J. Coveyou
Translated by Shahnoor Islam
Bilingual Design and Typesetting by Hannah Thelen

Visit ScienceNaturally.com for more bilingual books in English/Bengali.

Published by Science, Naturally!
English/Bengali bilingual paperback first edition • July 2021 • ISBN: 978-1-938492-61-7
English/Bengali bilingual eBook first edition • July 2021 • ISBN: 978-1-938492-62-4
English hardback first edition • 2016 • ISBN: 978-1-945779-02-2
Second edition • August 2020
English paperback first edition • July 2021 • ISBN: 978-1-938492-41-9
English eBook first edition • 2016 • ISBN: 978-1-945779-08-4
English board book first edition • 2016 • ISBN: 978-1-945779-05-3

Enjoy all the titles in the series, available in English and bilingual (English/Spanish):
Atoms • Los átomos
Protons and Neutrons • Los protones y los neutrones
Electrons • Los electrones

Teacher's Guide available at the Educational Resources page of ScienceNaturally.com.

Published in the United States by:
Science, Naturally!
An imprint of Platypus Media, LLC
725 8th Street, SE, Washington, D.C. 20003
202-465-4798 • Fax: 202-558-2132
Info@ScienceNaturally.com • ScienceNaturally.com

Distributed to the trade by:
National Book Network (North America)
301-459-3366 • Toll-free: 800-462-6420
CustomerCare@NBNbooks.com • NBNbooks.com
NBN international (worldwide)
NBNi.Cservs@IngramContent.com • Distribution.NBNi.co.uk

Library of Congress Control Number: 2021934431

10 9 8 7 6 5 4 3 2 1

Printed in the United States